头脑侦探

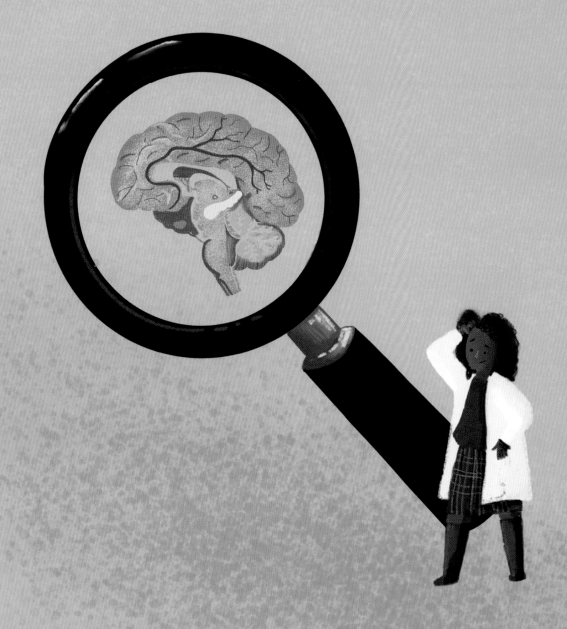

图书在版编目（CIP）数据

头脑侦探 /（英）蒂姆·詹姆斯著；（英）亚伦·库
什利绘 ；朱茗然译. -- 北京 ：中译出版社，2022.11
书名原文：Brain Detective
ISBN 978-7-5001-7202-4

Ⅰ. ①头… Ⅱ. ①蒂… ②亚… ③朱… Ⅲ. ①大脑—
普及读物 Ⅳ. ①Q954.5-49

中国版本图书馆CIP数据核字 (2022) 第178893号

First published in Great Britain in 2023 by Wren & Rook

Text copyright © Tim James, 2023
Illustration copyright © Aaron Cushley, 2023
Design copyright © Hodder & Stoughton Limited, 2023
All rights reserved.

著作权合同登记：图字01-2022-3804

头脑侦探
TOUNAO ZHENTAN
策划编辑：胡婧尔　张婷婷
责任编辑：林　勇
营销编辑：李珊珊
装帧设计：书情文化
出版发行：中译出版社
地　　址：北京市西城区新街口外大街 28 号普天德胜大厦主楼 4 层
邮　　编：100088
电　　话：（010）68359827，68359303（发行部）；（010）68002876（编辑部）
电子邮箱：book@ctph.com.cn
网　　址：http://www.ctph.com.cn
印　　刷：北京博海升彩色印刷有限公司
经　　销：新华书店
规　　格：889 毫米 × 1194 毫米　1/16
印　　张：4
字　　数：51 千字
版　　次：2022 年 11 月第 1 版
印　　次：2022 年 11 月第 1 次

ISBN 978-7-5001-7202-4　定价：86.00 元

中 译 出 版 社

头脑侦探
Brain Detective

［英］蒂姆·詹姆斯 著

［英］亚伦·库什利 绘

朱茗然 译

中国出版集团

中译出版社

房间中最大的谜团！

现在，你正在使用世界上最复杂的"计算机"！这台"计算机"中大约有1000亿条"电线"。它们之间形成了超过100万亿个"链接"，比整个互联网中的链接总数还要多。如果你将这些"电线"铺开，一条一条首尾相接，总长度可达17.6万千米，足足能绕地球4圈！然而，这台"计算机"的运转功率仅为20瓦，只是一个灯泡所需功率的三分之一。关于人脑，我们已经有了不少认识，但其中还藏着许多我们尚未理解的奥妙。实际上，人脑堪称科学界最大的谜团之一。

脑是你身体的"司令官"，其他部位都要听从它的"号令"，而你从外界获得的一切信息，都是由脑来接收、理解的。你的身体只是个载体——你的脑才是真正的你。

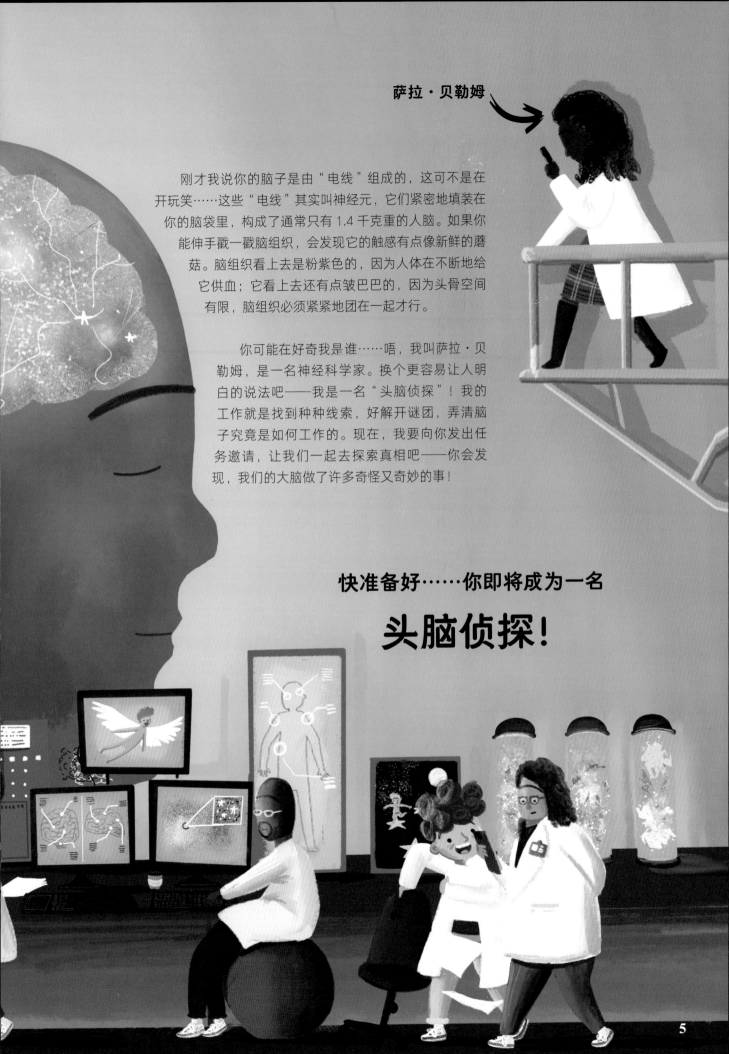

萨拉·贝勒姆

刚才我说你的脑子是由"电线"组成的，这可不是在开玩笑……这些"电线"其实叫神经元，它们紧密地填装在你的脑袋里，构成了通常只有 1.4 千克重的人脑。如果你能伸手戳一戳脑组织，会发现它的触感有点像新鲜的蘑菇。脑组织看上去是粉紫色的，因为人体在不断地给它供血；它看上去还有点皱巴巴的，因为头骨空间有限，脑组织必须紧紧地团在一起才行。

你可能在好奇我是谁……唔，我叫萨拉·贝勒姆，是一名神经科学家。换个更容易让人明白的说法吧——我是一名"头脑侦探"！我的工作就是找到种种线索，好解开谜团，弄清脑子究竟是如何工作的。现在，我要向你发出任务邀请，让我们一起去探索真相吧——你会发现，我们的大脑做了许多奇怪又奇妙的事！

快准备好……你即将成为一名

头脑侦探！

「古代 调查员」

在所有的调查过程中，你要做的第一件事，就是看看已经掌握了哪些线索。我们运气不错，几千年来，一直有许许多多的头脑侦探在开展相关探索。不过，他们进行的一些实验可有点恶心！小心不要吐出来……

哎呦！

木乃伊的脑子

对人脑的认识之旅，最初是从古埃及人那里开始的。一份书写于3700年前的莎草片（一种类似于纸的材料）记载：曾经有一个人在事故中伤到了脑袋，头上破了个洞，人们往洞里望进去，能看到一团黏黏糊糊的东西。古埃及人觉得这团东西看上去有点像肠子，又不清楚它是做什么的，便把看到的东西叫作"头骨肠子"。当时人们只知道这东西黏糊糊的，便认定鼻子和嘴巴里的黏液、唾液都是从这个器官里分泌出来的。好吧！

实际上，古埃及人认为脑子并不重要。他们在制作木乃伊时，会用钩子探进尸体鼻子上方的一个小洞，将脑组织从里面拉出来。这意味着在古埃及的故事中，每个进入"另一个世界"的人都没有脑组织。

感觉有点热?

一千年后,古希腊人提出了与古埃及人不同的观点——他们认为人脑是个散热器,可以起到控制体温的作用。他们相信人的思想是储存在心脏或者肝脏里的——心脏长在人体中央,肝脏又长得比较大,所以这两个器官想必格外重要。

中世纪之谜

到了中世纪,头脑侦探们慢慢开始明白,人的行为意识是受脑控制的。他们注意到一些人在头部受伤后,举止变得奇怪了起来。

10世纪时,有些人脑部积液过多,出现了嗜睡的症状,一位名叫扎哈拉维的医生为他们做了手术。他发明了一种钻头,可以刺穿头骨,吸出其中的积液。在这之后,他还会用羊肠把伤口缝合起来。真倒胃口!或许是我唠叨,但你可千万别在家里这么试!

天啊!

脑袋上的洞

1848年,菲尼亚斯·盖奇身上发生了一桩怪事,这为头脑侦探们提供了有关脑控制性格的重要线索。当时,菲尼亚斯正在安设炸药,为铺设一段铁轨而清理地面,没想到发生了意外爆炸。在爆炸中,一根铁棍直直地从他颧骨下方穿入,穿透头颅,又从眉骨上方飞了出去,还带出了他的左眼球和一小块脑组织。

说起来你可能不信,但菲尼亚斯已经算很幸运了,因为铁棍当时温度极高,烫焦了菲尼亚斯头部的开放创口,阻止了失血,他这才保住一命,真是不幸中的万幸。然而在菲尼亚斯康复后,他的性格发生了很大的变化。在意外发生前,他是个努力、专注、开朗的人,后来却变得暴躁、懒惰,还爱说脏话。对此我并不奇怪——如果我的脸也被一根铁棍炸穿,恐怕我现在也不会是这么快活的人了!

啊!

藏在脑袋里的城市

每个侦探都知道，要想解开谜团，就得对于谜团的布局非常熟悉才行。既然我们正在努力解开与人脑相关的谜团，或许我们应该确定一下方位。我们需要一张地图！

大脑

头顶的这一大团皱巴巴的东西占据了整个脑子的80%，被称为大脑。你的全部重要思考都是在这里进行的。

人脑分区

把双手握成拳头，然后合在一起，你差不多就能知道自己脑子的大小了。在你的脑子里，数十亿个被称为神经元的脑细胞不断地发射着电信号，像繁华城市中的汽车一样四处飞驰。脑分成几个区域，每个区域都负责不同的事情。如果把头从中间劈开，你的脑子就会是这张地图上的模样（我劝你不要真的对任何人这样做）。

脑干

脑干位于人脑底部，像花茎一样，其下端与脊髓相连。这个部位负责的是用不着你刻意思考的简单行为，比如呼吸、眨眼、咳嗽、呕吐、反射、打喷嚏和睡觉。

小脑

这个部位叫作小脑，位于脖子上方，负责控制你的平衡和运动。这就是被击中后脑勺会让你头晕、摔倒的原因——被击中的正好是负责控制运动的那部分。

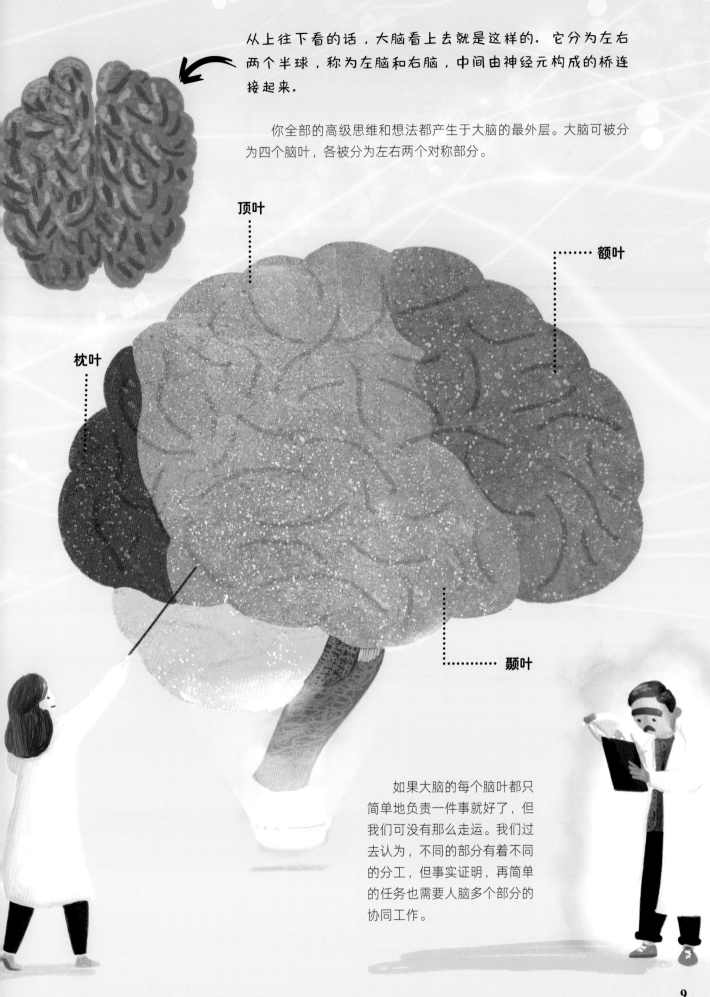

从上往下看的话，大脑看上去就是这样的。它分为左右两个半球，称为左脑和右脑，中间由神经元构成的桥连接起来。

你全部的高级思维和想法都产生于大脑的最外层。大脑可被分为四个脑叶，各被分为左右两个对称部分。

顶叶

额叶

枕叶

颞叶

如果大脑的每个脑叶都只简单地负责一件事就好了，但我们可没有那么走运。我们过去认为，不同的部分有着不同的分工，但事实证明，再简单的任务也需要人脑多个部分的协同工作。

9

放大镜下的脑子

是时候凑近看看神经元了，毕竟它们才是整个谜团的主角。镜头必须要拉得很近很近才能看到，因为神经元的直径大约只有 0.1 毫米——一个指甲盖上就足够并排摆放 120 个神经元了！它们看起来是这样的——

这里正在发生什么？

这个看起来像蝌蚪的奇怪东西就是一个神经元。末端的圆球状部分被称为胞体，是发生化学反应的地方。

传输至胞体的脉冲。

轴突

神经元上这个线状的部分叫作轴突，电脉冲以每秒 120 米的速度沿着轴突传递（比高速公路上的车速快 4 倍）。

树突

电信号传递的终点是树突。每个神经元上基本都有超过 1 万个树突，但大部分树突都非常微小，就算拿着放大镜也很难看见！

细胞核

细胞核的作用是构建细胞，并向细胞其他部分发出指令。

胞体

神经元的外部都是咸咸的液体。胞体上的小孔一开一合，将一些液体吸进神经元内部时，会产生小小的电脉冲。

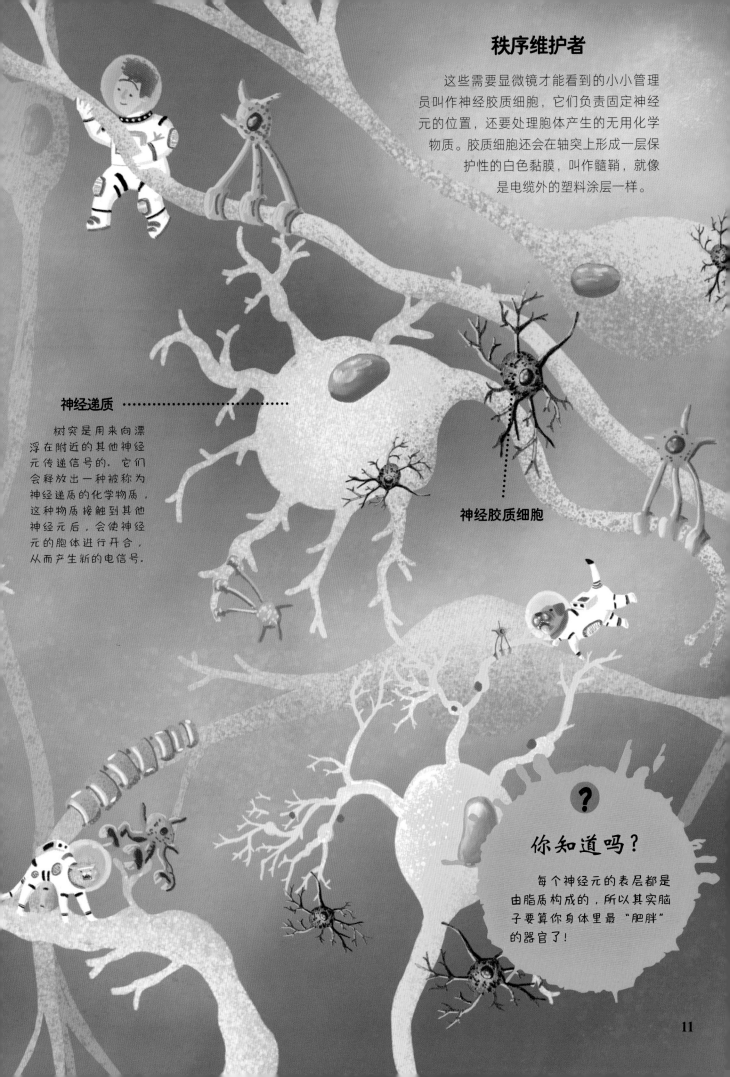

秩序维护者

这些需要显微镜才能看到的小小管理员叫作神经胶质细胞，它们负责固定神经元的位置，还要处理胞体产生的无用化学物质。胶质细胞还会在轴突上形成一层保护性的白色黏膜，叫作髓鞘，就像是电缆外的塑料涂层一样。

神经递质 ·············

树突是用来向漂浮在附近的其他神经元传递信号的。它们会释放出一种被称为神经递质的化学物质，这种物质接触到其他神经元后，会使神经元的胞体进行开合，从而产生新的电信号。

神经胶质细胞

？

你知道吗？

每个神经元的表层都是由脂质构成的，所以其实脑子要算你身体里最"肥胖"的器官了！

11

「在坟墓中
发掘线索」

脑子可不是那么好研究的。人们每时每刻都在用脑，自然不会愿意让你敲开他们的脑袋，往里窥探。这意味着，关于脑子的线索通常都要从死人身上获得，这样就能避免很多冲突了！

让我看看你的脑子！

亡者医生

早在 16 世纪，剖开尸体研究内脏还是非法的（16 世纪真是一点都不好玩）。安德烈·维萨里，最早的头脑侦探之一，可不想那么循规蹈矩。他想弄清人体内部究竟是如何运作的。于是，他开始暗中挖掘尸体，并把它们偷偷带回了自己的实验室。

一位帕多瓦的法官对维萨里的工作很感兴趣，便许可他解剖被处决的罪犯尸体，也就是说，准许他切开尸体，探索人体内部的秘密。

维萨里发现，身体内所有的神经都与脑部相连。当你触摸到或看到什么东西时，你的皮肤和眼睛就会发出某种信号，通过神经传输到脑部进行解码，这样你就能知道接触到或看到的是什么东西了。

我正在挖尸体呢！

听说过青蛙僵尸吗？

18 世纪，一位名叫路易吉·伽伐尼的头脑侦探在把死青蛙往晾衣绳上挂时，获得了一个不同寻常的重大发现（我保证不是所有的科学家都像他一样）。

伽伐尼不小心用通电的手术刀碰到了其中一只青蛙，青蛙的腿顿时抽搐了起来。于是他意识到，如果大脑想向身体发出运动指令，就会通过神经向肌肉传递电信号，从而控制肌肉运动。

所以这么说来，人类其实就相当于肉身机器人，靠神经元和神经控制活动，而不是靠电缆电线什么的。电信号来到脑部，告诉它周围的情况，然后再从脑部传递出来，告诉身体该如何行动。

? 你知道吗？

一些人认为，伽伐尼的发现正是玛丽·雪莱创作恐怖小说《弗兰肯斯坦》的灵感来源。在这部小说中，一位科学家找到了让人复活的方法！

乱套了！

有时候，信号传输的过程可能会出现错误，人们的肢体就会开始不受控地运动起来。有一种叫作"异手症"①的病症，电信号在患者体内进行传输时会出现混乱，导致他们的手脚会不由自主地乱动。

---

① "异手症"又称"奇爱博士综合征"。因 1964 年斯坦利·库布里克导演的电影《奇爱博士》中，奇爱博士（Dr. Strangelove）就患有此症，容易不受控制地用右手行纳粹军礼，故称"奇爱博士综合征"。

「脸上的」「摄像头」

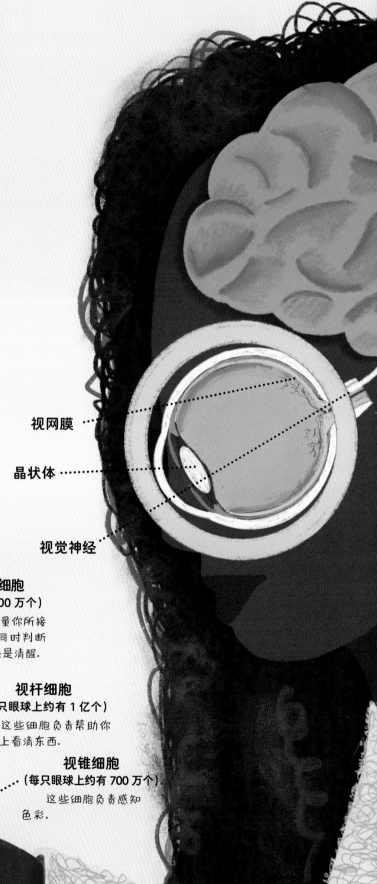

大脑负责接收来自外部世界的各种信息，并将其整合成我们可以理解的东西，这就和我们破案的过程差不多。视觉就是一个最好的例子——每秒有数万亿个光子进入你的眼球，但你还能搞清楚自己到底看到了什么东西！

我会把眼睛比作网络摄像头。视觉神经就像连接摄像头和计算机的数据线，而视觉皮层就是计算机。

眼球后部有一层被称为视网膜的组织，上面有许多对光敏感的微小细胞。这些细胞受到光的刺激后，就会通过视觉神经将电信号传输到大脑后部枕叶的一个位置上，这里叫作视觉皮层。

视网膜

晶状体

视觉神经

视网膜上的细胞

视网膜神经节细胞
（每只眼球上约有 100 万个）

这些细胞负责测量你所接触到的光的强度，同时判断出你应该感到疲惫还是清醒。

视杆细胞
（每只眼球上约有 1 亿个）

这些细胞负责帮助你在晚上看清东西。

视锥细胞
（每只眼球上约有 700 万个）

这些细胞负责感知色彩。

破碎的脑中之镜

1943 年，一位名叫列夫·扎塞斯基的苏联士兵在一场战斗中不幸后脑勺中弹。伤口很小，但当他在医院里醒来后，却发现自己看不清任何东西的右侧了，包括自己的身体或者其他人的脸。无论他看什么东西，右半部分都像一面被打破的镜子一样支离破碎。奇怪的是，他的眼睛其实并没有被子弹伤到。可惜，虽然眼睛还在尽忠职守，负责整合信息的大脑却已经出了问题。

视觉皮层

视觉皮层由 1.4 亿个神经元组成，这里负责识别你看到的东西，每秒可以处理 12 幅图像。

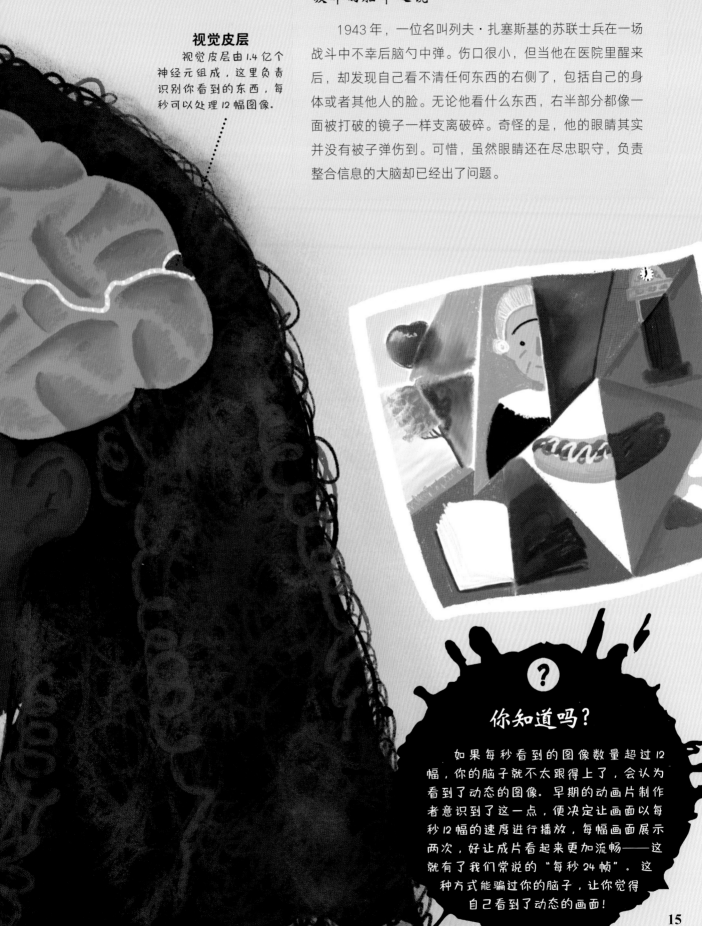

你知道吗？

如果每秒看到的图像数量超过 12 幅，你的脑子就不太跟得上了，会认为看到了动态的图像。早期的动画片制作者意识到了这一点，便决定让画面以每秒 12 幅的速度进行播放，每幅画面展示两次，好让成片看起来更加流畅——这就有了我们常说的"每秒 24 帧"。这种方式能骗过你的脑子，让你觉得自己看到了动态的画面！

「待机中的 脑子」

在你的一生里，有差不多 26 年的时间都会是在睡眠中度过的（当然，不是一口气睡完的）。这可能会让你有些意外，不过，睡觉确实是我们的脑子主要进行的事情之一。就算是头脑侦探，也需要时不时休息一下。那么，在我们打盹儿的时候，又有哪些事情在进行呢？

为什么要睡觉？

没有人确切地知道我们到底为什么要睡觉。最有可能的解释是，睡眠是我们的脑袋用来自我净化的好时机。在白天，我们的神经元会进行大量的化学反应，过程中会产生许多有害的化学物质。最终，这些化学物质积累太多，我们就不得不停下来几个小时，好让神经胶质细胞清理掉这些东西。有些动物不需要睡眠，比如水母、牛蛙和幼年的小海豚，但所有人类都是需要睡眠的。

夜深人静的时候，你的脑在做什么？

睡眠主要分为两种类型，每天晚上睡觉的时候，你的脑都会在这两种状态之间切换四五次。深度睡眠状态下，你的脑会忙着清理毒素；而快速眼动睡眠（REM）状态下，你会开始做梦，同时眼球在眼皮下快速转动。如果你想知道一个睡着的人正处于哪种状态的睡眠中，不妨观察一下，看看他们的眼睛是不是在颤动。哦，当然，你要事先征得这个人的同意才行，可别随随便便溜进别人的卧室，坐在那里盯着人家看……我可有过深刻的教训啊。

脑部健康的人基本每天晚上都会做梦，包括盲人和视力受损的人，他们经常会做由声音构成的梦。

?

你知道吗？

一位名叫莫琳·韦斯顿的女士之前创造了不睡觉时间最长的纪录，她连续 18 天 17 个小时没有合眼。与此同时，她还创下了坐在摇椅上时间最长的纪录。

我可以很久不睡觉！

人为什么会做梦？

没有人知道人为什么会做梦，但我们知道，在做梦的过程中，大脑的各个部位都保持着活跃。最不活跃的部位要数额叶，这里负责对正在发生的事情做出判断，这就是你通常不会意识到自己在做梦的原因——你大脑中负责察觉"嗯，这有点奇怪"的部分还没有完全警觉起来。

真是个奇怪的梦！

我不是故意的！

🔍 案例分析

无辜的凶手

这个案子听起来就很可怕！1987 年，一位名叫肯尼思·帕克斯的加拿大男子因杀害岳母而上了法庭。这起案件之所以不同寻常，是因为帕克斯杀人的时候正处在睡梦之中！出现梦游症状的人可不在少数，但帕克斯是已知的第一个在睡梦中实施谋杀的人。最后陪审团裁定，由于帕克斯在犯罪时还没有醒来，他被判无罪。你可能听说过，叫醒一个梦游者并不安全，但这并不是真的。事实上，最好在梦游者意外受伤之前叫醒他们。这样，就有可能避免另一场惨剧的发生。

「鼻子知道的」事儿

毫不意外，你的大脑需要时不时地休息一会儿——因为它太忙了！嗅觉也是它负责解码的感觉之一（这个过程即使在你睡着的时候也在进行）。大脑究竟是如何识别各种东西的气味的？动动鼻子，是时候去寻找一些线索了！

嗅觉受体 ······
嗅觉感受细胞。

什么味道！

嗅觉神经
将信息传送至脑部。

为什么会有味道？

物体在散发气味时，会向空气中释放微小的化学物质（叫作分子）。我们呼吸时，就会把这些物质从鼻子里吸进去。这些物质进入鼻孔后会溶解到黏液里，从而被嗅觉感受细胞识别，之后便会向脑部发出电信号。负责识别、分析气味的神经元大约有 1000 万到 2000 万个。实际上，你能识别出至少 1 万亿种不同的气味，而气味留下的记忆也是最为持久的。

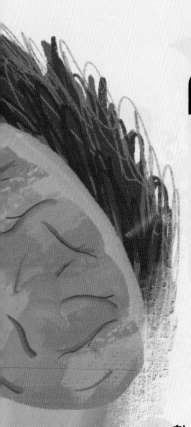

案例分析

致命的气味

1889 年，德国弗莱堡一家生产硫代丙酮的工厂发生气体泄漏，造成了极大的混乱。附近城镇的人在吸进这种气体后开始呕吐、窒息并失去知觉。这种气味有点像腐烂的鸡蛋或者体育课后的更衣室，但还要糟上一百倍。

哎！

闻一闻

哗啦！

熟悉的味道

土臭素

这是你在下雨后闻到的气味，是土壤中的细菌引起的。

1- 辛烯 -3- 酮

这是摸过硬币后手指上的气味，是金属和皮肤上的油脂反应产生的。

真香！

烤面包的气味，由 20 多种化学物质混杂而成。

你知道吗？

或许你也对游泳池的独特气味好奇过，其实那种味道并不是由人们用来杀菌的氯造成的，而是由氯和人体产生的汗液、尿液反应产生的。所以，如果你在游泳池里闻到了那股可怕的刺鼻气味，那就说明有人（或者好多人）在游泳池里撒了尿。不好意思，我只是觉得你有必要知道这件事。

真香！

脑袋中的鼓

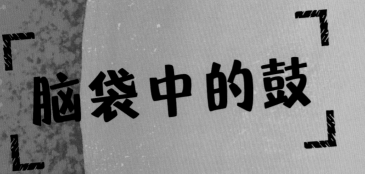

耳朵真的很神奇，不是吗？耳朵是一对突出在你头部两侧的贝壳状物体，每只耳朵里面都长着大约 1.5 万根纤毛，有声音传来时，这些纤毛就会颤动起来，向听觉皮层发送电信号，进而在那里转化成声音信息。

声音是如何传递的？

敲鼓时，紧绷的鼓皮产生振动，同时带动周围空气中的微粒产生振动。这些分子再通过互相撞击，将振动传递出去，直到你耳朵里的空气微粒也开始振动。

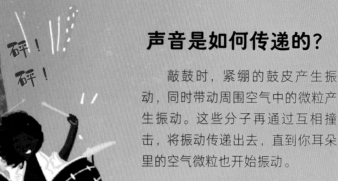

听觉皮层

听觉皮层位于颞叶，这里负责将信号处理为声音。

听觉神经

将信号输送至大脑。

鼓膜

声波传来，会引起鼓膜振动。

耳蜗

这个小小的器官负责将振动转为电信号。

向里瞧一瞧

你的耳朵里面有一层薄薄的膜，当声波传递至这里时，它就会像鼓皮一样振动起来，所以叫作鼓膜。鼓膜连接在你脑袋里的另外一个小器官上，这里负责将鼓膜的振动转化为电信号。信号一路沿着神经输送至大脑，我们才得以听见声音。

让厕所排起长队的声音

　　1993 年，科幻电影《异形 3》举办试映会时，电影制作团队注意到，有不少观众刚看到片头便起身离开了放映厅。但这并不是因为他们不喜欢这部电影，而是因为这部电影的配乐中有一个音实在太低了，引起了现场观众肠道的振动，让他们很想去上厕所！不，我是不会告诉你怎么在家里重现这个效果的。

什么声音？

　　随着年龄的增长，你会越来越难听见高频率的声音。甚至还有针对儿童的特殊警报器，它们会发出高亢的警报声，让儿童和青少年不胜其扰；但这个声音不会影响到老年人，因为他们根本听不到。真有意思啊。

我不行了！

我也是！

嗷呜——！

高音与低音

　　人类的耳朵无法察觉某些振动频率过高或过低的声音。一般人听不到振动频率低于每秒 20 次或高于每秒 2 万次的声音，但有的动物可以。这就是狗能听到狗哨声，人类却听不到的原因。

？ 你知道吗？

　　一般来说，耳部受损会导致耳聋，但脑部的听觉皮层要是出了什么奇怪的问题，就会导致一些不寻常的听力障碍。生物学家查尔斯·达尔文和美国前总统西奥多·罗斯福都患有一种叫作"失乐症"的疾病。他们可以听到乐曲中的每一个音，却不能辨认出其中的旋律，音乐在他们听来如同噪音。

头脑硬盘

你的脑子所做的远远不只是辨识你周围世界的事物，它还可以存储几十年的见闻、记忆和感情！就像是个超级证据柜一样。虽然存储记忆算得上大脑所做的最神秘的事情之一，但我们手里已经掌握了一些相关线索……

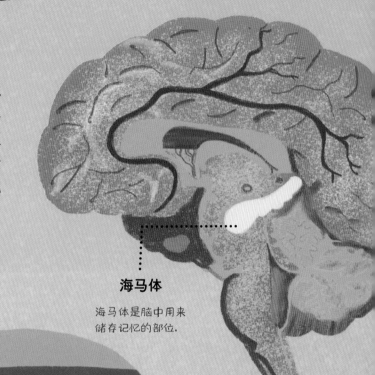

海马体

海马体是脑中用来储存记忆的部位。

我无所不知！

案例分析

走不出的过去

海马体负责整理构成记忆的所有信息，这一点是我们从亨利·莫莱森的案例中获知的。1953 年，他做了一次手术，需要切除部分海马体，从此他的思维便停滞在了那一年。手术前，亨利的记忆一切正常；手术后，他却再也无法形成新的记忆。他仿佛生活在一个固定的时间扭曲中，一直认为自己还生活在 1953 年，还是27 岁；就算是到了 2008 年，他已经 82 岁的时候还是如此。

我无所不知！

万事通先生

　　有时候，缺失部分脑子可能也不是一件坏事。事实上，在一些极为罕见的情况下，这可能还有助于你的记忆——就像神秘的金·皮克一样。虽然金不能自己系鞋带或者穿衣服，但他却有着堪称完美的记忆力。每天他可以看完八本书，并且能够准确记忆其中的全部内容。他可以告诉你历史上任意一天是星期几，还可以告诉你世界上任意一条街的邮政编码。金的记忆力实在惊人，但奇怪的是，他的脑部缺失了连接大脑左右半球的胼胝体。

?

你知道吗？

　　目前还没有人知道记忆究竟是如何形成、储存的。据我们现在所知，人脑可以储存大约 2.5 拍字节的记忆数据，这些信息不是存储在脑的某个特定部位，而是遍布整个脑。如果把你的脑子比作计算机硬盘，那么里面大概可以存储时长达 100 年的 MP4 文件！

我在哪里见过你……

案例分析

记得太多的代价

　　俄罗斯的所罗门·谢列舍夫斯基能够记住 70 位的数字表，能够逐字记住周围人的对话，还能还原出他 16 年前看到过的复杂科学方程。不幸的是，卓越的记忆力带给他的还有脸盲症（即面容失忆症）。每当他遇到一个人，他都会完完全全地记住这个人脸上的所有细节。到了第二天，如果这个人的发型稍有变化，或是房间里的光线变了，他的脑子就会认定这是一个他从未见过的陌生人。

读心大师

要我说，这个话题应该设定讨论权限。读心术如果被坏人利用，可能会变得非常危险。所以要谨慎对待相关的东西！有科学依据的读心术起源于 20 世纪 20 年代，当时的发明家威廉·马斯顿造出了一种叫作测谎仪的机器。他声称这台机器可以辨别人们说的是否是真话，并且相信这种测谎仪可以帮助警方侦破案件。

测谎仪

测谎仪可以测量出说话者的心率、呼吸频率和出汗水平，但这些指标很有可能是因为被测者过于紧张才出现异常的，而不是因为他们真的说了谎。如果有人把你绑到一台机器上，让你揭开自己心底埋藏最深的秘密，难道你不会开始不受控制地流汗吗？

你在想什么？

虽然测谎仪并没有真正完成读心任务，但要想"读心"，或许还能找到其他方法。你大脑里的每个神经元时时刻刻都在向周围的其他神经元发送电信号，每当你产生不同的想法时，不同的神经元集群就会变得格外活跃。一些神经元集群会在你做数学习题的时候格外兴奋，另一些则会在你尝试记住方向的时候尤其活跃。如果我们能确定哪个神经元集群与哪种想法相关联，我们或许就能推测出脑子究竟在想什么。

思想的照片

2017 年，日本科学家神谷之康在实验中向志愿者展示了一些物体和照片，同时将他们脑部电信号的活动记录了下来。随后，神谷之康通过计算机对这些信号进行解码，重新构建出了志愿者所观察的相应图像。计算机重构的图像有些模糊，但他确实成功描绘出了一个人的内心所想！

? 你知道吗？

将知识从一个人的脑传送到另一个人的脑竟然是可行的！2016 年，美国科学家马特·菲利普斯实现了世界上第一次"思想移植"。他记录下了飞行员在模拟飞行器上执行降落时的脑部图像，然后将记录下来的电信号传输到了飞行学习者的脑中，激活了他们脑中相应的神经元集群，与真正的飞行员在执行降落时活跃的集群一致。菲利普斯就这样教会了还不是飞行员的人如何降落飞机。

「这一章 有品味」

有品味？哈哈！明白这里的双关了吗？弄清楚自己正在吃的食物到底是什么，这件事非常重要，因为大脑需要判断你在吃的是不是什么危险的东西，或者你是否摄入了足够多的某种物质。

从嘴巴开始

你的口腔内大约有 5000 到 10000 个味觉感受器叫作味蕾，可以被不同的化学物质激活。这些味蕾大多长在你的舌头上，但也有一些长在喉咙后部和上颚。

当你把含有这些化学物质的食物放进嘴里时，味蕾就会向额叶上的味觉皮层发送电信号，从而判断出你正在品尝什么。嗅觉皮层可以识别出超过一万亿种气味，而味觉皮层只能检测到五类化学物质，也就是说我们只能感受到五种味道——酸、苦、甜、咸、鲜。

甜

酸

鲜

你可能听过一个说法，不同的味道是由舌头的不同部位感受到的，但这根本不是真的，五种味蕾遍布整个舌头。你的脑子之所以会认为不止有五种味道，是因为在把食物送进嘴里的同时，你的鼻子也在识别化学物质，闻到了气味。味觉皮层和嗅觉皮层将信息混合在一起，这便产生了食物的"味道"。

好辣——！

苦

咸

会不会觉得食之无味？

这是个好问题。你的味觉通常不会罢工，但这种情况偶尔也会发生。极少数人患有一种叫作"失味症"的疾病，他们根本尝不到食物的味道，奥运会金牌得主詹姆斯·克拉克内尔就是一个例子。许多人在染上新型冠状病毒时也出现了丧失味觉的症状。

热辣朝天

在处理案件的时候，吃点小零食或许会让你的头脑更加清醒。想不想来点儿刺激的？比如世界上最辣的辣椒之一？2017年，专业辣椒种植者埃德·库里培育出了"X辣椒"，热辣十足，吃上一颗就够你受的。不要吗？你吃不了辣？

我们都能尝出辣味，但辣其实并不是一种味道。你的双颊上长着许多负责检测温度的传感器，叫作辣椒素受体（TRPV1），它们的形状与存在于辣椒等食物中的辣椒素类似。所以在你吃下这些带有辣椒素的食物时，你脸上的 TRPV1 就会被激活，将"嘴巴很热"的信息传递至脑部，尽管你的舌头并没有接触到任何温度变化。这种所谓的"热"感就是大脑所察觉到的"辣"。

关于情绪波动

头脑和计算机的一个区别在于脑子不光会存储记忆、解决难题，还会体验情感。我们可以产生许多种情绪，而情绪有时可以产生巨大的力量。我相信咱们能把这件事弄明白！

为什么会有这种感觉？

没有人知道情绪是如何产生的。据我们目前所知，在一个人产生某种情绪时，脑部就会分泌出更多被称为神经递质的化学物质。我们仍然说不准，到底是脑部释放的这些化学物质导致我们产生了情绪，还是情绪导致了这种化学物质增加。我们只知道这两者之间有很强的关联性。

释放你的情绪吧！

这些是最常见的神经递质。

乙酰胆碱

利于学习、记忆。

血清素

放松、满足、平静。

多巴胺

激动、兴奋、快乐。

谷氨酸盐

利于专注、学习。

肾上腺素

刺激、恐惧、愤怒。

神经反应

神经递质可能会对你的身体产生一些奇怪的影响。比如，肾上腺素可以让你兴奋起来，提升心率，但也会让你失去对肠道的控制。原因是这样的：假设有一头老虎正在追你，你不仅需要足够的能量用来逃跑，还需要一个后备计划——拉得自己浑身都是排泄物，这样就不会被老虎吃掉了！

?

你知道吗？

血清素这种神经递质也存在于你的肠道中。在你享用某些食物的时候，你肠道中的细菌可能会产生更多的血清素，好告诉你的脑要多吃一些。所以，是你真的想吃甜甜圈，还是肠道里的细菌让你吃的？

 案例分析

无所畏惧女士

是时候认识一下这位代号为 SM-046 的女士了。她的诊疗医生对她的真实姓名严格保密，外界只知道她是三个孩子的母亲，住在美国肯塔基州，她还有一个非同寻常的大脑。她从童年起就患上了一种疾病，损害了大脑产生恐惧的部位。为了测试她能否产生恐惧这种情绪，科学家们给她播放过恐怖电影，还用蛇和蜘蛛来吓唬她，可她对这些完全没有反应！

你害怕的是什么？

恐惧这种情绪非常重要，它可以阻止我们去做危险的事情。只有在你对一些并不危险的东西也感到害怕时，这种恐惧才算得上是一种问题。这种情况被称为恐惧症，下面有一些例子。

花生酱恐惧症

蜘蛛恐惧症

犬类恐惧症

钟表恐惧症

蛇类恐惧症

黑暗恐惧症

「感觉到 触碰了吗？」

脑或许是你身体中最重要的器官，但最大的器官却是你的皮肤！皮肤的功能很多，它负责为你抵御外界的有害物质，负责将体内的器官组织聚拢在一起，当然还负责帮助你感知外界的事物。这么说来，你的皮肤也算一位"侦探"！

你是如何感知触觉的？

就像其他四种感觉一样，触觉在脑部也有专门的处理区域，称为感觉皮层。感觉皮层会通过遍布皮肤的神经以及体内的器官获取信息。你身上的大多数神经传感器都可以感知损伤或轻微刺激，经过脑部处理，会带来或疼痛或瘙痒的感受。抓挠之所以能够止痒，是因为抓挠皮肤带来的疼痛会让刺激信号过载，从而使其归零（同时挠去皮肤上引起瘙痒的微小物体，通常是汗水干燥后的残留物或灰尘）。

失去触觉

失去触觉是一种被称为触觉缺失症的疾病，通常是由于脊椎严重受损，信号无法从身体传递到脑部而引起的。这意味着，你没办法知道自己到底饿不饿，因为你感受不到胃里的状况；脚接触地面时，你也同样感觉不到。想象一下，在双脚麻木时尝试爬楼梯会是什么感觉！即使是去商店这样简单的事情也会变得很困难，因为你必须一直盯着自己的脚，才能知道什么时候迈出了一步。

奇怪的感觉

感觉皮层也能做出一些相当奇怪的事。人们在截肢后，虽然失去了原来肢体上的神经，但脑部感觉皮层中相应的神经元仍然存在。大约80%的截肢者会时不时地感到来自截除部位的疼痛或瘙痒，这是因为脑袋里相应的部分仍然保持着活跃！这种疾病被叫作"幻肢综合征"。

一种名为"感觉定侧不能"的病症更加奇怪，在身体产生触感时，电信号会被错误地发送到脑子的另外一侧。这意味着，如果有人触摸了你身体左侧，你可能会觉得被碰到的是右边！

你知道吗？

你身体上最不敏感的部位是躯干，最敏感的部位是指尖——每个指尖上大约分布着3000个神经传感器！

31

第六、第七、第八感

我们扮演着头脑侦探的角色，但头脑本身就像是一位侦探——它总在坚持弄清周围到底发生了什么。视觉、听觉、嗅觉、味觉和触觉，这五种感觉你已经听说过啦，但在这些之外，还有很多你可能不知道的感觉！

视觉

听觉

味觉

嗅觉

触觉

机体觉

本体觉

平衡觉

你在哪里？

我想让你做个简单的小实验。请你闭上眼睛，试着到处挥动手臂。我敢打赌，即使你没有看你的手臂，也没有碰到任何东西，你仍然可以准确说出你的手臂到底在哪儿。这是因为你的脑能够感觉到自己身体部位所在的位置——这被称为本体觉。本体觉是由位于耳朵内部的一系列神经元控制的。

这种感觉还负责测算你的移动速度，但很容易与其他感觉混淆。你坐在车上的时候，本体觉会告诉你你正坐着不动，因为你所处的车内环境是静止的，但你的眼睛看到的东西却在快速移动。这样一来，你的脑就会生成一个令人困惑的信号：你正在移动，但又不在移动。这正是人们晕车的原因。

兴奋得头晕目眩

另一种感觉与本体觉有些相似之处，叫作平衡觉。平衡觉主要是由脑干中的神经元控制的，其所接收的电信号来自位于内耳的前庭器官——椭圆囊和球囊。这两个小囊充满了液体，还有许多连接着纤毛的结晶体——耳石。当你向一边倾斜身体时，耳石就会带着纤毛向相应的方向摆动，从而告诉它们你的脑袋偏向了哪个方向。

当你快速旋转时，耳朵里的液体也会随着你一起旋转，并向脑部发出信号，告诉它你正在旋转。等你停下来的时候，你眼睛所看到的一切都是静止的，但耳朵里的液体还在像漩涡一样打着转儿，这时大脑就会再次收到相反的信号，让你产生头晕目眩的感觉。

请给我一条毛巾！

你还有感知温度的能力，不过这种感觉可能会在温度变化时过于敏锐，让你觉得周围环境的冷热变化比实际明显得多。正是因为这样，每次你洗完澡走出浴室时，明明房间里很暖和，你还是会觉得冷。这时，你脑中感受温度的部分开始恐慌："不好，温度在下降，我们要冻死了！"

你也有感知时间流逝的能力，甚至还有一些你从没有意识到的感觉，比如判断自己的血液中是否含有过量的某种化学物质。我们还没有弄清人类究竟有多少种感觉，未来可能还会有更多发现！

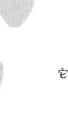

好冷！

?

你知道吗？

一些动物（比如鸽子）可以感知磁场，它们会以此在空中确定位置和行进方向。

以色彩辨识声音的人们

不管你究竟有多少种感觉，每种感觉通常都是由脑部的某一部分专门负责的。然而，有时这些区域可能划分得没有那么清晰，就会导致一些奇妙的体验。我们快去调查一下！

音乐的色彩

这里有一个有趣的调查题目，你可以试着问问身边的人：相比之下，高音和低音在他们眼里分别是什么颜色的？大多数人会说，高音让他们想起浅色，而低音让他们想到深色。听觉和视觉是分开的，但大多数人都会在脑海中将它们混在一起，这是因为这两种感觉的对应皮层有轻微的重叠。

你甚至可以通过不同的摆盘来做出不同的味道。对很多人来说，装在橙色或奶油色杯子里的热巧克力比装在红色或白色杯子里的要更加诱人。大多数人也会偏爱摆盘精致的食物。虽然服务员可以将食物都一股脑倒进桶里——反正味道都一样，但我们的脑子会把味觉和视觉混合在一起，所以人们会认为摆盘精致的食物更加美味。

好看的食物

有些人可以同时感知多种感觉。据歌手比莉·艾利什所说，在她写歌的时候，她既能听到每一个音，也能看到每一个音。世界上约有 15% 的人和她一样，拥有一个感觉模糊的脑子——这是一种被称为联觉症的现象。

有联觉症的人可能会发现，在他们听到特定的噪音或单词时，就会同时在嘴里尝到一些味道；或者在他们看到某些物体或颜色时，就会在皮肤上产生某种感觉。之所以会发生这种情况，是因为他们脑部皮层的神经元混合在了一起，这意味着某个皮层被激活时，另一个也会同时被激活。

你可能也有这种症状！

很多人都有轻微的联觉症状，只是自己没有意识到。如果我说"这种醋味道很锐利"，就算你的触觉和味觉并没有联系在一起，你大概也是能理解这句话的。没有什么食物真的会割伤你的嘴，但这句话并不难理解。

你甚至可以利用人的错觉来影响别人的情绪。如果有人在遇到你时，手里正拿着什么冰凉的东西，他们很可能会认为你不太好相处；如果手里拿着的是温暖的东西，他们往往会认为与他们交谈的人十分友好。所以，我要给你一个小提示：如果你要把坏消息带给别人，就给他们做一杯热巧克力吧，记得还要装在一个橙色的杯子里！

「头脑也会 要花招」

要骗过你的脑子其实是非常容易的一件事，想想还挺可怕的不是吗？你甚至不用对自己的感觉做什么手脚，就可以凭空想象出并不存在的事物，或者被周围的情况弄得困惑不已。

劳神费力

2016 年，一位名叫亚历杭德罗·弗拉戈索的男士连续看了 94 个小时电视。这听起来可能很不错，但亚历杭德罗并没有多么享受这次体验，因为他的脑子实在太累了，以致产生了幻觉——他开始幻听，还看到了房间里并不存在的东西。

流式传输信息

你大脑里的腹侧通路总在试图弄清你所看到的事物到底是什么。所以，我们在看到云朵之类的东西时，大脑便会运转起来，试图从中辨认出图案或形状。

有时这也会变得极端。一些囚犯被关在暗室里好几天后，就会开始对房间里的东西展开想象，甚至在墙上幻想出一台播放着节目的电视。很明显，警卫们并没有在他们的房间里安装平板电视——这是他们的脑子幻想出来的，因为房间里实在没有任何有意思的东西。

卡尼萨三角

看看这幅画吧。你的大脑会告诉你，中间有一个三角形；但实际上并没有什么三角形图案，有的只是画面四周一些缺了角的圆，以及不相连的线段。腹侧通路不断地寻找信息，补全了空缺，从而让你的大脑识别出了三角形。

案例分析

编造在迪士尼乐园的回忆

告诉你一件有点瘆人的事吧，小心晚上睡不着觉——其实，你的脑子会产生虚假的记忆，而你并没有办法将它们和真实的记忆区分开来！在一场实验中，受试的人们被要求描述出他们去迪士尼乐园游玩的一次经历。在这之后，研究人员给他们看了一篇虚构的新闻报道。新闻中写道，一个穿着狗狗布鲁托玩偶服的男人会舔人们的耳朵。几周后，这些受试者再次被要求复述他们的游玩经历，这次竟然有近三分之一的人声称，有一个身穿布鲁托玩偶服的人舔了自己！仅仅是读到了一些东西，就让他们的脑子编造出了一段虚假的记忆。

我被布鲁托舔了！

你被骗了吗？

你认为自己拥有的全部记忆都是真实的吗？或许吧，不过我得告诉你几个事实："Kit Kat"（奇巧威化巧克力）的商标中没有连字符；游戏中的大富翁先生不戴单片眼镜；皮卡丘的尾巴尖不是黑色的；《星球大战》中的机器人 C-3PO 有一条银色的腿；《白雪公主》里的恶毒王后从来没说过"魔镜魔镜告诉我"。如果你对其中哪件事情感到震惊的话，就说明你被记忆欺骗了！

看看这页上的图案，你看到的是花瓶还是两个人头？你的脑子在耍花招吗？

「做决定这件事」

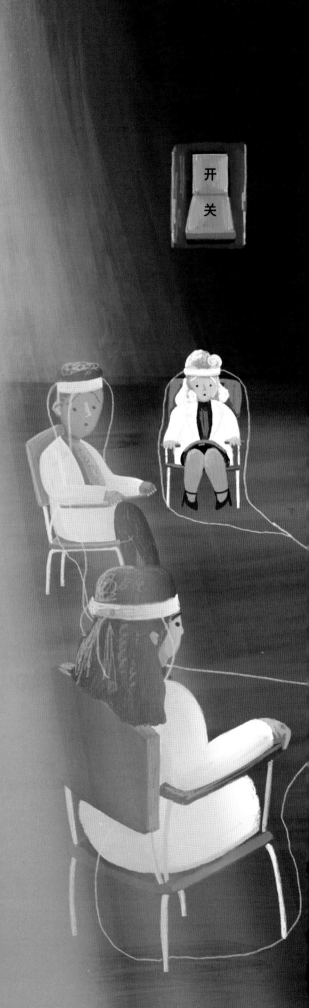

每天你都会做出大约 35 000 个决定，很多时候可能连你自己也没有意识到。你要决定穿什么、做什么、说什么，这些选择你只需眨眼的工夫就能完成。每天面对的选项成千上万，你的脑子到底是怎么决定该做什么、该说什么的？实话实说，我们并不清楚。但是，一些实验向我们揭示了一个有点可怕的事实——我们可能无法如您所愿的那样控制自己的选择！

何塞·德尔加多

是时候认识一下史上最勇敢的头脑侦探了。何塞·德尔加多是一位神经科学家，他为了向公众证明自己的发现，做了一件极为大胆的事情。1963 年，德尔加多带着一头愤怒的公牛走进斗牛场，引诱它向自己冲过来。观众席上的人们紧张不已，德尔加多却站在那里一动不动，快被公牛撞上了也丝毫不见惊慌。突然之间，公牛就像是被魔法改变了念头一样，突然决定停下脚步，转了过去。这到底是怎么回事？

德尔加多发现思想其实是电信号，所以通过改变脑部电流就可以改变思想。因此，他在公牛的脑部植入了一个微型电子设备。在公牛向他冲过来的那一刻，他使用遥控器向这个设备发送无线电信号，让它改变了主意。

德尔加多管这个设备叫刺激接收器，除了在公牛身上实验之外，他还将其运用到了人类身上。他征得志愿者的同意，将设备放置在了他们脑袋里负责运动的部位上。实验开始，他指示志愿者们坐着不动，然后触发设备，志愿者便无法再按照他的指令保持静止了。德尔加多竟然能够控制别人的决策！真是令人毛骨悚然！

两只眼睛，两种想法

　　20 世纪 50 年代，科学家罗杰·斯佩里以"裂脑人"（因切断胼胝体而使大脑左右两个半球彼此分离的患者）为对象，进行了一场奇妙的实验。他在实验对象的面前，放置了一块屏幕，要求他们注视屏幕中心点，而在屏幕中心点的左右两侧，分别快速闪现一幅图像。这样一来，中心点左侧闪现的图像就只能被左眼（右脑）接收到，同理，右侧闪现的图像只能被右眼（左脑）接收到。

　　斯佩里要求受试者用手势来表达其看到了图片，当图片出现在左半侧屏幕时，受试者通过测试，说明他们的眼睛和视觉皮层都在工作；同样的情况，当受试者被要求用语言表达时，他们却声称屏幕上根本没有图片。

　　这是因为人类左右两个分离的大脑半球，都具有各自的高级认知功能。左脑更关注语言，所以当图片出现在左半侧屏幕，被右脑接收时，受试者无法对图片进行描述。

　　有时，在你真正做出决定前，科学家们就可以知道你的决定是什么了，因为你的想法都会如实反应在脑部扫描图里，甚至有些时候连你自己都还没察觉到。

39

「罐子里的脑子」

当你遇到一些非常聪明的人（比如像我这样的超级侦探）时，你可能会说他们"脑子灵光"。这是因为所谓智慧，代表的就是脑子的工作能力。但智慧究竟来自哪里？

那个天才

我敢打赌，你一定听说过著名的科学家阿尔伯特·爱因斯坦，他常被称为 20 世纪最聪明的人。1955 年爱因斯坦去世后，负责解剖其遗体的托马斯·哈维博士偷偷取走了爱因斯坦的脑子，想要进行研究。他给这位天才的脑子注入一种化学物质来防腐，从各个角度拍了很多照片，又将其切成 240 片，保存在两大罐特殊的保护凝胶中，然后把它塞在了办公室里的一个箱子中。爱因斯坦的脑子一直到 23 年后才被人发现（我很好奇爱因斯坦会怎么想……可能也没什么想法……毕竟那时候他的脑子已经被切碎了）。那么，有史以来最聪明的人的脑子有独特的地方吗？答案是，或许吧。

胼胝体

他的胼胝体比常人的更厚，这里负责连接大脑左右两个半球。

外侧沟

爱因斯坦大脑的外侧沟比常人要短，这个构造负责将大脑的额叶、顶叶与颞叶分隔开来。

胶质细胞

他脑部的神经胶质细胞数量异常多，这种细胞对神经元有支持、修复和促进再生的作用。

爱因斯坦天生就有着不同寻常的脑部特征，那你就不可能有那么聪明了吗？这很难说，因为每个人的脑都不同，所以爱因斯坦那些看起来不寻常的地方可能只是巧合。

案例分析

令人瞠目的实验

1968年，一位名叫简·埃利奥特的美国教师在课堂上进行了一项实验。她告诉孩子们眼睛的颜色与聪明程度有关（事实并非如此）。那些被告知自己不聪明的孩子在课堂上的表现突然开始下滑，似乎在老师说过之后，他们便相信了这件事。看来，如果你告诉别人他们很愚蠢，他们可能真的会变得愚蠢。

很多人对简·埃利奥特的这项实验感到愤怒，因为这样对待孩子实在是太刻薄了，但埃利奥特对此进行了辩护，说她本意是想表明种族歧视有多么危险。她希望引发人们反省，自己是如何根据外表对待他人的，而这又会对他人的自我认知产生怎样的影响。

聪明还是愚蠢，是什么决定的？

这些例子并没有告诉我们聪明与否是由什么决定的，毕竟谁也说不好究竟怎样才算"聪明"。我们知道有些事情会阻碍你的脑子正常工作，比如喝酒和睡眠不足，但我们对其他信息仍然知道得不多。科学家们对此也是众说纷纭，但大多数人一致认为，年轻时多读书对脑子有好处……所以这本书你算是买对了，一定要多读书！

说话的时候，大脑在做什么？

现在，你正在通过识别纸页上密密麻麻的符号（我们称其为"汉字"）来阅读这本书。你的大脑将这些符号转化成了各种知识和思想！让我们来调查一下这件事……

语言学习

婴儿在几个月大的时候，就会开始模仿周围的成年人，牙牙学语。聋哑父母的孩子也会做类似的事情，只不过他们是用手来模仿父母所使用的手语动作。无论是发声还是使用手语，婴儿很早就开始学习用符号交流的方法；在之后的几年里，他们会逐渐在各种符号与自己脑袋里的想法之间建立起联系。

再告你诉一件很有思意的事吧，就算语词打乱被了顺序，只要字还都在，大数多人还是可以懂读句子的。很这神奇，是不是？

?

你知道吗？

世界上大约有 6 500 种语言，大约 70% 的人至少会说两种语言。最为广泛使用的五种语言是英语、汉语（普通话）、印地语、西班牙语和阿拉伯语。你开始学习一门语言的年纪越小，你就越容易掌握它。

大脑是怎么说话的？

大脑中有两个主要负责语言的区域：韦尼克区和布罗卡区。其中韦尼克区主要负责理解话语的含义，这个区域受损的人可以说出长句子，但句子本身会颠三倒四，没有意义，比如这样："菲利普斯没有一个负面的部分喜欢弹性叉子。"

布罗卡区更多负责的是理解语言的规律，比如什么时候该用第二人称，什么时候又该用第三人称。布罗卡区受损的人能够理解词汇的含义，但是他们无法造出完整的句子，说起话来像野人一样，比如："食物……想要……很多……现在。"

聋哑人运用布罗卡区和韦尼克区的方式与能听能说的人相同，也就是说，语言实际上与声音无关，而是与意义和理解有关。在戈梅拉岛的山谷里，甚至还有一种叫希尔博语的语言，是靠不同音高的口哨声来传达意思的，而不是靠单词！

说起话来，脑子反应可快了！

你好！

案例分析

在昏迷中学会了西班牙语

2016 年，一位名叫鲁本·恩斯莫的少年在足球比赛中不幸被踢中头部，当场陷入昏迷。等鲁本醒来时，本来并不太懂西班牙语的他，突然能够说得一口流利的西班牙语。他之前在学校学习这门语言时可是相当吃力，但不知怎么的，这场事故对他脑部产生的影响让他掌握了这门语言。事故带来的变化还不止于此，他甚至忘记了怎么说英语，花了好几个月才重新捡起了自己的母语！我其实还挺羡慕他的……倒不是因为他头部受了伤，只是我已经努力学习西班牙语很多年了，但还是只会从一数到五！

43

「掌控一切的」头脑

有些时候，脑对身体的掌控力堪称恐怖。你的脑子真的可以改变你的健康状态，从而让你生病！

把活人说死

这是一个特别可怕的故事。1992 年，一个名叫山姆·舒曼的人接受了癌症治疗。在医生告诉舒曼他仅剩几个月可活之后，他接受了这个消息。他与家人一起度过了最后一个圣诞节，然后在元旦那天回到医院，24 小时后便与世长辞。然而，医院在对他的遗体进行检查的时候，意外发现用来做诊断的片子出了差错。他其实并没有罹患晚期癌症，但是似乎因为被告知自己即将死于癌症，他还是去世了。你看，把活人说死，这真的是有可能的！

这是怎么回事？

这被称为反安慰剂效应，没有人知道这到底是什么原理。对一些人来说，他们的脑部掌控力极强，只要想一想生病这件事，身体就会真的生病。反过来也行得通，你可以告诉别人他们已经吃下了对症的药，他们的脑部如果相信了，就会让病情真的好转起来。这就叫安慰剂效应。

案例分析

失踪的毒药

　　2007 年，德里克·亚当斯服用了过量的药片，惊慌不已地赶去了医院。当时他血压迅速下降，已经出现了服药过量的症状。然而，医生在对他的血液进行化验时，却没有找到任何危险的化学物质。他看起来像是中了毒，但又确确实实没有毒药留在体内。原来，医生给他开的根本就不是药，而是糖丸。所以他根本就没有服用任何具有危险性的药物，也就不可能服药过量了。在亚当斯得知自己服用的并不是真正的药物，只不过是 29 颗糖果后，他便恢复了正常的血压水平，感觉好多了。嗯，也许吃太多糖的确会让人不舒服吧！

我把它们都吃了！

善用这种效果

　　头脑对身体的控制不一定只会导致可怕的事情。事实上，在 2017 年的时候，一位名叫鲁伯特·赖查特的医生甚至在没有使用麻醉剂的情况下，利用这种效果为患者进行了无痛手术。他告诉患者，手术时神经不会收到任何疼痛信号……结果证明，这个方法真的管用！

　　这就是为什么医生要鼓励人们在生病时保持乐观的态度。告诉自己，现在感觉好多了，这本身就是一种治疗。这种方法并不适用于所有的病痛——这可治不好骨折——对不同的人效果也有差异，但人的主观想法确实可以解决或者引起很多问题。

是什么让你成了"你"？

每个人的性格都有所不同，但这是为什么呢？为什么有些人开朗乐观，有些人脾气暴躁？为什么有些人外向自信，有些人羞涩腼腆？是什么让你成为了"你"？这件事解释起来相当复杂……

我们愿意！

案例分析

两个吉姆

同卵双胞胎兄弟吉姆·刘易斯和吉姆·斯普林格刚一出生就被分开了，直到 1979 年两人才第一次见面。他们分别在美国不同的地方长大，由不同的家庭抚养，过着不同的生活，但两人有着惊人的相似之处。兄弟俩喜欢同样的食物，每年都去同一处海滩度假，开着同一款车，做同一种类型的工作，都娶了一个叫琳达的女人……后来都离了婚，又分别再婚，老婆都叫贝蒂。双胞胎通常都有相似的习惯、爱好和生活方式，因为他们有着相同的父母，继承了许多包括脑部特征在内的相同特征。

性格是天生的吗？

并不完全是这样。你生活的国家、你上的学校、你说的语言、你交的朋友以及你生活中发生的事情都会影响你的性格。这是因为你生活中每发生一件事情，你的脑子都会在应对时产生细微的变化。你所处的环境以及成长经历，决定了你是怎样的人，也决定了你的思维方式。

案例分析

皮拉罕小孩

在巴西的麦西河沿岸，生活着一个叫作皮拉罕的部落，他们有着自己的计数系统。他们只有两个描述数量的词语，一个是"hói"（少），一个是"hoí"（多）。在皮拉罕家庭长大的小孩可能从来没有过数数的概念。

然而，皮拉罕小孩可是天生的猎手，他们总能为在丛林中觅食想出复杂又聪明的办法来——就算你是个数学天才，可能也无法做到这一点。智慧可以有很多种形式，衡量标准也与你的经历相关。

案例分析

和猴子住在一起的男孩

1987 年，人们在南非发现了一个和猴子住在一起的五岁男孩，并为其取名为星期六·蒙提亚内。没有人知道星期六是从哪里来的，他多年来一直由猴子抚养长大，行为举止也和猴子一模一样。他会像猴子一样行走、跳跃，像猴子一样交流，也和猴子吃一样的食物。你的同伴以及他们的行为，也在一定程度上决定了你会成为怎样的人！

头脑的
日常维护

与身体其他部位一样，你我的脑也属于器官，需要我们进行维护。要想保证脑部健康，你就得做到右边列出的几件事情，每一件都非常重要。好在大多数事情做起来都比较简单——与保持身体其他部分健康要做到的事情是一样的！

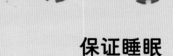

保证睡眠

要保证充足的睡眠。没有人喜欢被催着去睡觉，缺觉太多可对你的脑不好。你可能听说过"人需要八时睡眠"的说法，但这只是一个粗略的建议……对于同的人来说到底应该睡多长时间，科学家们仍然没有成一致。但是为了满足身体需要，一定要尽可能地保充足的睡眠时间。

健康饮食

和肌肉一样，你的脑也需要从食物中获取营养。均衡饮食，多吃水果蔬菜，你的脑袋才能更好地运转；光喝汽水、吃巧克力可不行。

劳逸结合

不要一直埋头工作，休息也很重要，否则你会累坏的。当然，一直无所事事也不是个好主意，你需要让头脑经常运转，锻炼专注力。总之，劳逸结合才是关键！

多多喝水

脑约 75% 都是水，所以如果你不给身体提供大量的水分，脑子可就要罢工了！

锻炼身体

你锻炼的时候，身体会出汗，从而排出一些体内积累的有害化学物质。锻炼身体还能让你的脑分泌出一些能让心情变好的神经递质，我们在第 28 页提到过它们。

头脑侦探
赶来救援

人脑也会受到心理健康问题的影响。但多亏了我们这些头脑侦探，医生们对脑已经有了一定认识，可以治疗最常见的心理健康问题。

为什么会这样？

各种各样的事情都会导致心理健康问题。有些人的脑生了病，是因为他们身上发生了糟糕的事情，或者压力太大；有些人生病，是因为他们服用了改变大脑工作方式的药物，比如酒精；但也有些人找不到病因。

你知道吗？

有时候，人们会在提起自己的心理健康问题时感到紧张，担心其他人可能会把自己当作疯子，或者对自己区别对待。其实，心理健康问题十分常见，而几乎所有人最终都会好起来。所以如果这种事情发生在了你身上，你要知道自己并不孤独。但是，当你察觉到有什么事情不太对劲的时候，请一定要与你信任的大人谈一谈。

敞开心扉

和别人一起坐下来，聊聊他们的感受，这可能会给别人带来很大帮助。所以，如果你的朋友看起来不太开心，不妨问问他们愿不愿意和你聊聊。他们可能情绪低落，或者正在因为什么事情而感到焦虑，聊聊天可能就会让他们感觉好很多。

然而，有时光是和朋友、家长或者老师聊天还不太够，你的头脑需要更多的帮助。这就是心理咨询师的作用所在。他们都经过专业培训，可以引导你敞开心扉，并为你提供建议和练习，帮助你更好地应对日常生活中的情绪。

接受询问

在进行治疗之前，心理医生会先对咨询者进行详细的了解和测查。他们会询问你的感受，还会了解你的生活方式，比如睡眠、锻炼、饮食情况等。

治疗脑的药

和治疗其他疾病一样，医生们在治疗心理健康问题时也常常使用一种方法——为病人对症开药。比如，一位患者得了抑郁症，他的脑便无法分泌足够的血清素，这是一种能让人产生快乐情绪的神经递质（化学信使）。这时，如果患者服用了适宜的药物，药物就可以起到人工血清素的作用，或者刺激神经元释放更多血清素，从而使患者振作起来。

案例分析

制造僵尸的医生

过去治疗心理健康问题的方式要可怕得多。1935年，一位名叫安东尼奥·莫尼兹的医生想要解决患者太具攻击性的问题，让他们变得温顺一些。莫尼兹知道，人的大部分决策都是在额叶进行的，所以他认为可以通过切除患者脑前额叶外皮的连接组织来阻止他们做出冲动的决定，他称这一过程为"脑叶白质切除术"。后来，另一位医生沃尔特·弗里曼发明出了一种更为便捷的手术方法，大大推广了这种手术。他的方法是，将锥子从患者的眼球上方捅进去，将其像雨刷一样在前额后面来回搅动。然而，在切除了额叶后，患者失去了自己的个性，变得沉默无比，只能成天像僵尸一样坐在那里。这太糟糕了。但别担心，现在的医生再也不会这么做了！

「人脑的可塑性」

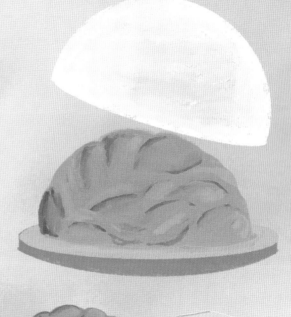

好了，我们已经研究过人脑各部分的不同分工了。然而，脑最厉害的地方在于，它不仅可以改变周围的事物，也可以在需要的时候重新塑造自己。科学家将这一神奇的特性称为"神经可塑性"。

不断变化的神经元

你还记得神经元末端那些弯弯曲曲的小树枝吗？它们叫作树突，我们在第 10 页提到过。树突可以向任意方向生长，随时与其他神经元建立新的联系。这个过程被称为"树突分支"，这意味着你的脑可以在需要时不断产生新的脉冲模式。

这个过程也可能会反过来，这叫"突触修剪"。当你不再需要某种技能或者记忆时，相应的树突就会开始衰退，最终完全停止工作。这个过程其实是在为你要学习的新事物腾出空间。

实际上，每一天你的脑子都与前一天略有不同，因为新的树突模式一直在产生。也就是说，每次醒来，你都更新了自己！

年轻真好

比起成人，儿童的神经模式更容易被塑造，这就是儿童和青少年能更快学会新技能的原因。这也意味着，让孩子改变对事物的看法相对容易，而成年人更有可能墨守成规！

我不喜欢吉他。

不，你喜欢。

案例分析

只有半个脑子的女孩

如果一个人的心脏或肺不再正常工作，或许你可以给他换上一个新的。但从来没有人接受过脑部移植，我们目前所掌握的技术还不允许为患者更换脑子。1970 年，罗伯特·怀特博士曾成功将一只猴子的脑子移植到了另一只猴子的身体里，但还没有人在人类身上尝试过这样的手术。不过，的确有过一些离奇的脑部手术……

比如朱迪·米勒的案例。朱迪患有一种罕见的疾病，她的大脑逐渐肿胀起来，挤压着头骨。因此，医生们切除了她肿胀的右脑。出乎意料的是，朱迪的左脑在术后开始重建神经连接，逐渐承担了两个脑半球的工作。后来，朱迪继续过着完全正常的生活，和她说话的时候，你根本想不到她半个脑袋都是空的！这也太神奇了吧？

树林与海洋中的脑子

地球上生活着各种各样的动物，光是我们知道的就有870万种。动物的脑子都是如何运作的？这也是世界上最大的谜团之一。

水母

水母并没有脑子，但它的神经元遍布全身。

太平洋巨型章鱼

太平洋巨型章鱼非常聪明，每条章鱼的身体里都有九个脑子！它们能自己打开罐子，还能识别人脸。

虾蛄

虾蛄能看到的颜色数量是我们人类的四倍。

鲨鱼

鲨鱼具有一种特别的感官，可以感应到电场的存在。

动物的思维方式和我们一样吗？

我们无法想象其他动物是如何思考的，因为它们的大脑与我们的截然不同。我们也不能直接询问它们，毕竟它们不会说人类的语言。我们可以肯定的是，其他动物的脑部构造与人类相似，具有相同类型的神经元和神经递质。然而，与人类不同的是，大多数动物没有复杂的大脑皮质外层——人脑中负责所有高级思维和感觉的部分。这意味着，其他动物可能没法像人类一样拥有复杂的思维方式。举个例子，猫可能与人类有许多相同的感受，比如对食物的渴望和避免疼痛的本能，但猫并不会写书，或者做出什么科学发明。

小甜甜，我回来了

蜜蜂的思维方式非常独特。当蜜蜂侦察员想告诉其他蜜蜂在哪里找到了花蜜时，它们就会摇晃着屁股跳起"8"字形的舞蹈，表演起有趣的"摇摆舞"。这种舞蹈的路线长度可以告诉其他蜜蜂要飞多远，舞蹈的角度则代表了花蜜的方向。其他蜜蜂可以根据这些信息计算出花蜜的位置，这个方法很聪明。

更奇妙的是，蜜蜂还会用舞蹈来互相竞争。有时候，两只敌对的蜜蜂会同时跳起自己的舞蹈，让蜂巢的其他成员来决定应该相信谁。没错！蜜蜂之间会用这种和数学密切相关的摇臀舞进行交流！我曾经向认识的科学家提议，一起试试这种交流方式，可惜似乎没人对这个感兴趣。

蝴蝶

蝴蝶用脚来识别气味。

嗅嗅

让我们一起跳舞吧！

请问我可以扫描你的大脑吗？

大海深处

鲸鱼和海豚似乎有着和我们一样复杂的脑部褶皱，但我们没法为了了解它们的思维模式对它们进行脑部扫描。毕竟脑部扫描仪不太能在水下运转！

制造人工脑

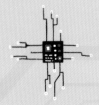

几十年来，人们一直在尝试制造人工脑，但从来没有成功。原因之一在于，人脑的许多功能至今都还是一个谜！如果你并不了解一个东西的实际工作原理，就很难将它复制出来。

我们可以模拟出人脑吗？

2012年，日本富士通公司制造了一台名为"K"的超级计算机，它体积巨大，必须建在仓库里。超级计算机K可以模拟大约17.3亿个神经元，但人脑大约有860亿个神经元。这说明，即使是仓库大小的计算机也只能模拟出人脑的2%。

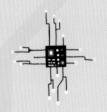

想买机器人创作的专辑吗？

艾米丽·豪威尔

目前成果如何?

到目前为止,还没有任何一台计算机可以复制出人类的思想,但已经有成功复制出了人脑部分功能的技术。比如智能手机里的人脸识别、语音识别,还有电子游戏中的虚拟人物,这些都是计算机模拟人类行为获得的成果。

深蓝

你知道吗?

1997年,一台专门设计用来下象棋的计算机"深蓝"与世界象棋冠军加里·卡斯帕罗夫交手六盘,其中三盘"深蓝"获胜。2009年,又有人设计出了一台名为"艾米丽·豪威尔"的计算机,它可以自主进行音乐创作。"艾米丽"不仅成功骗过了众多专业音乐人,让他们以为它是个真人,还发行了一张自己创作的专辑。

为什么我们造不出人工脑?

人脑和计算机之间最大的不同在于,计算机在同一时间只会做一件事。即使是像电子游戏这样的东西,看起来有很多事情在同时进行,但也只是在一个接一个按顺序完成任务。然而,你的脑却可以同时做很多件事情,也就是所谓的"并行处理器"。

57

关于人脑的错误认知

现在你知道了吧，人脑可是相当神秘的。这对于什么都想打破砂锅问到底的人来说可能有点令人灰心，因为这意味着，关于人脑的许多说法完全就是无中生有！现在就让我们一起来看一下关于人脑流传最广的错误认知吧。

错了！

有的人是左利脑，有的人是右利脑

虽然与一些技能相关的区域往往常见于人脑的其中一侧（比如，与语言相关的区域通常位于左脑），但所有人对左右脑的使用频率并无差异。

呼……呼……

我们只用到了脑子的 10%

你脑子里的每个神经元都时刻保持着活跃——只不过在你进行某些活动时，特定区域的活跃度有所变化。

不可能！

咖啡因能让你保持清醒

咖啡因是一种存在于咖啡、茶、巧克力、可乐和其他能量饮料中的化学物质。它并不会给你提供能量，但它确实可以阻碍大脑里某种化学物质的活动。这种化学物质叫作腺苷，负责向脑部传递疲劳的信号。所以，你之所以会在摄入咖啡因后觉得清醒，只是因为你的身体忽略了"你应该觉得累了"的警告。

也算对吧

吃糖让你兴奋

不对

人们常常会有这种误解。糖是一种含有大量能量的化学物质，但人体只会缓慢消耗糖分所提供的能量，用来保持细胞和肌肉的活跃，而不会因为糖分一下兴奋起来。如果孩子们在吃到糖果后变得过度活跃，这可怪不得糖——他们只是在为吃到了糖果而兴奋！

或许我老了，但脑子还是很灵光！

脑细胞会随着年龄增长而陆续死亡

嗯……

这个说法也基本是错误的，只有一小部分还算说对了。你的脑并不是一生下来就是现在这样，它一直到你 25 岁时才会发育完全。不过就算你到了那个年龄，你的神经元也不会轻易地开始死亡。如果不经常使用神经元，它们可能会失去与其他神经元的联系，但如果你保持思维敏捷，保持着健康的生活方式，你脑里的神经元就不会轻易死掉。事实上，你还可以长出更多神经元！

未解之谜

头脑侦探们已经对脑子有了许多了解，但好消息是，我们仍然对这个器官所知甚少，还有很多需要去探索的事情！那么，关于脑子的谜团，还有哪些是我们远远没有解开的？

谜团之一

脑子是由什么构成的？

我们甚至对脑子的构成都还不太了解！当然，我们知道里面有神经元和神经胶质细胞……但我们不知道它们到底有多少种。人脑里至少有十几种不同类型的神经元，我们并不知道它们彼此之间是如何建立联系的。

谜团之二

人脑是如何解开谜题的？

与计算机上的文件不同，人脑的功能并不只是存储信息。大脑可以学习新的知识，对原有知识进行修正，在事物之间建立联系；最重要的是，人脑可以通过探索，了解未知事物。这一大团由咸咸的液体和脂质组成的器官，是如何制造出火箭，发明出药物，甚至尝试着去理解人脑本身的？

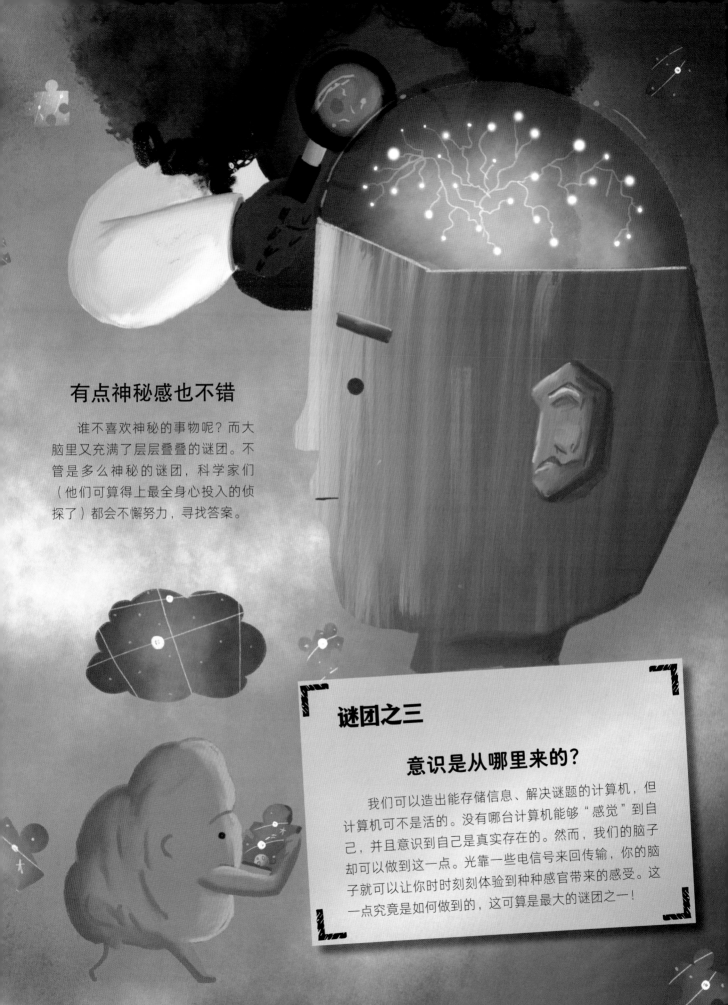

有点神秘感也不错

谁不喜欢神秘的事物呢？而大脑里又充满了层层叠叠的谜团。不管是多么神秘的谜团，科学家们（他们可算得上最全身心投入的侦探了）都会不懈努力，寻找答案。

谜团之三

意识是从哪里来的？

我们可以造出能存储信息、解决谜题的计算机，但计算机可不是活的。没有哪台计算机能够"感觉"到自己，并且意识到自己是真实存在的。然而，我们的脑子却可以做到这一点。光靠一些电信号来回传输，你的脑子就可以让你时时刻刻体验到种种感官带来的感受。这一点究竟是如何做到的，这可算是最大的谜团之一！

61

词汇表

艾米丽·豪威尔：一台设计用于创作音乐的计算机。

安慰剂效应：因为相信自己服了药而开始好转的效应。

本体觉：用来感应自己身体部位所在位置的感觉。

布罗卡区：大脑里负责语言的两个区域之一。

测谎仪：可以测出谎言的机器。

刺激接收器：由何塞·德尔加多发明的可向脑部发送电信号的设备。

超级计算机 K：由富士通公司打造的超级计算机，其能力只有人脑的 2%。

触觉缺失：由于脊椎损伤失去触感的病症。

大脑：脑中负责进行重要思考的部分。

多巴胺：让人感到激动、兴奋、快乐的激素。

耳蜗：耳朵中的小块骨头。

反安慰剂效应：因为相信自己生病了而真的生了病的效应。

分子：微小的化学物质。

感觉定侧不能：触觉所产生的电信号被错误地发送到脑子另外一侧的病症。

谷氨酸：利于专注和学习的激素。

鼓膜：耳朵的一部分，会在声波的作用下振动。

海马体：脑中用来储存记忆的部位。

幻肢综合征：在已截除的肢体上感到疼痛的症状。

激素：存在于体内、具有特殊功能的化学物质，对成长发育十分关键。

咖啡因：存在于咖啡、茶、巧克力、可乐和其他能量饮料中的一种化学物质。

恐惧症：对某个事物的恐惧。

快速眼动睡眠：发生大部分梦境的睡眠阶段。

粒子：微小的物质组成部分。

联觉症：感官模糊且经常同时产生多种感觉的症状。

脑干：脑中与脊椎相连的部分。

脑叶：大脑的几个分区。

脑叶切除术：切除脑前部额叶的手术。

胼胝体：连接大脑左右两个半球的部位。

莎草片：古代用于书写和绘画的材料。

神经：在脑部和脊椎间传输电脉冲的纤维。

神经科学家：研究脑的科学家。

神经元：专门传输神经冲动的细胞。

深蓝：一台设计用于下象棋的计算机。

肾上腺素：在你兴奋、恐惧和愤怒时产生的激素。

尸检：为寻找死因而检查尸体。

失乐症：大脑可以听到音乐中的每一个
音符，却不能辨认出其中旋律的病症。

视锥细胞：眼睛中负责感知颜色的细胞。

树突：神经元的分支。

外侧沟：将脑部的额叶、顶叶与颞叶分隔开
来的部分。

韦尼克区：大脑里负责语言的两个区域之一。

细胞核：细胞中负责构建细胞，并向细胞其
他部分发出指令的部分。

小脑：脑中负责平衡和运动的部分。

血清素：让人感到放松、满足、平静的激素。

意识：人的头脑对于客观物质世界的反映。

乙酰胆碱：利于学习和记忆的激素。

轴突：神经元上的线状部分。